AF234381

Courbe d'ascension thermométrique et calorimétrique clinique[1]

PAR

Stéphane LEDUC,
Professeur à l'École de Médecine de Nantes.

Historique. — Au Congrès de l'Association Française pour l'Avancement des Sciences de Grenoble, en 1885, M. le Pr Grasset, de Montpellier, signala l'intérêt que présente l'étude de la vitesse d'ascension du hermomètre ; il proposa de diviser l'ascension pendant la première minute par l'excès de la température finale sur la température initiale, et fit observer que cette grandeur, qu'il appelle pouvoir émissif de la peau, varie suivant l'état des sujets considérés.

Dans une communication à l'Académie des Sciences, insérée dans les comptes rendus du 25 mars 1901, nous avons proposé

---

[1]. Communication au Congrès de l'Association française pour l'Avancement des Sciences, Ajaccio, 8-14 septembre 1901.

une représentation graphique, permettant de juger d'un coup d'œil tous les détails de l'ascension thermométrique.

Tracé de la courbe. — On trace deux coordonnées rectangulaires ; sur l'axe des ordonnées on porte des divisions représentant des vingtièmes de degré à partir de 35° ; sur l'axe des abscisses, vers la gauche, on marque des divisions correspondant aux minutes. On prend, avec un thermomètre divisé en vingtièmes de degré, la température axillaire de minute en minute jusqu'à ce qu'elle soit devenue constante. La température maxima forme sur l'axe des ordonnées le premier point de la courbe ; à une distance à gauche correspondant à une minute, on marque un point à la hauteur représentant la température une minute avant l'instant où a été atteint le maxima ; à une distance proportionnelle à deux minutes, on marque la hauteur de la température deux minutes avant l'instant du maxima et ainsi de suite. La courbe joignant les points ainsi obtenus est la courbe de l'ascension thermométrique.

Vitesse d'ascension. — La différence entre deux températures divisées par le temps de l'ascension (ce que l'on peut exprimer, le quotient de la hauteur d'une portion de la courbe par sa base), donne la vitesse moyenne de l'ascension entre les deux températures. Le plus souvent, pour une même personne, pendant la même observation, la vitesse d'ascension est d'autant plus grande qu'elle est mesurée plus loin de la température finale. Il n'en est pas toujours absolument ainsi; la vitesse reste parfois constante dans une certaine étendue de l'échelle thermométrique ; nous l'avons même trouvée plus faible loin que près du maxima. Cette variation irrégulière de la vitesse d'ascension en différentes parties d'une même courbe montre que la méthode graphique est indispensable pour utiliser les renseignements donnés par l'ascension thermométrique.

Calorimétrie clinique. — Les vitesses d'ascension du thermomètre sont à chaque instant proportionnelles aux quantités de chaleur gagnées par le réservoir ; et, à des distances égales de la température finale, chez différents sujets ou chez une même personne dans différentes conditions, les vitesses d'ascension thermométrique sont proportionnelles aux quantités de chaleur

que, dans des temps égaux, la peau aban-
donne au thermomètre pour une même différence de température. C'est ce que l'on
peut appeler la conductibilité calorifique de
la peau ; l'inverse de cette grandeur est la
résistance de la peau au passage de la chaleur. Si l'on admet que la conductibilité
calorique de la peau varie parallèlement
pour toute la surface du corps, ce qui est
exact dans les conditions où l'on se trouve
en clinique, c'est-à-dire pour un sujet au
lit, les vitesses d'ascension thermométrique,
à des distances égales des températures
finales, sont proportionnelles aux quantités totales de chaleur perdues par les sujets,
et l'on a, dans leur comparaison, un procédé
de calorimétrie clinique des plus simples
et des plus pratiques.

Lorsqu'un sujet est placé dans un milieu
très froid, la température des extrémités
s'abaisse, la conductibilité calorique de ces
régions se modifie, la résistance de la peau
à l'écoulement de la chaleur augmente.
Chez un malade au lit, la conductibilité
calorifique de la peau de la main est très
sensiblement la même que celle de la peau
de l'aisselle.

Nous avons fait ces constatations en tra-
çant, dans les mêmes conditions, les courbes
d'ascension d'un même thermomètre tenu
dans la main et placé sous l'aisselle.

Comparabilité des courbes. — On ne peut
comparer entre elles que les courbes prises
avec le même thermomètre. Pour pouvoir
comparer des courbes prises avec des thermomètres différents, il faudrait multiplier
chaque température par un coefficient dé-
pendant du thermomètre, par la chaleur
spécifique du réservoir, ou un de ses mul-
tiples, par exemple. Il serait évidemment
préférable que tous les thermomètres fus-
sent identiques.

Mesure des combustions organiques. — La
comparaison des quantités de chaleur perdues dans des temps égaux par des sujets
dans des conditions identiques (au lit par
exemple), a un intérêt clinique reconnu par
tous les médecins. C'est l'expression la
meilleure que nous puissions avoir de l'intensité des combustions organiques.

La médecine moderne présente un fait
bien curieux : la physiologie nous enseigne
que les produits des combustions, d'où ré-
sultent la chaleur et le travail, ne s'élimi-

nent point par les urines ; le principal de ces produits est l'acide carbonique qui s'élimine surtout par les poumons. Les déchets azotés et salins de l'urine sont, non pas les produits des combustions organiques, mais le résultat des modifications des tissus, de l'usure des organes. Malgré cet enseignement de la physiologie expérimentale, la médecine s'obstine à vouloir trouver, dans l'analyse de l'urine, l'expression de l'intensité des combustions organiques ; aussi ne peut-on s'étonner que le labeur immense consacré à cette tâche n'ait donné que des résultats dont la valeur pratique est plus que douteuse.

Dans les mêmes conditions de travail musculaire, l'intensité des combustions organiques se trouve exprimée par la quantité de chaleur cédée au milieu ambiant dans un temps donné ; la courbe d'ascension thermométrique, en donnant une grandeur proportionnelle à cette quantité, permet de comparer utilement l'intensité des combustions organiques chez différents sujets, ou chez un même sujet dans différentes conditions.

Applications cliniques. Courbes du tuberculeux et du goutteux. — Pour apprécier la

signification clinique des courbes d'ascension thermométrique, nous avons, sans
aucune idée préconçue, pris un grand nom-
bre de courbes avant de faire aucune comparaison. En les comparant, nous avons
trouvé deux types bien constants, la courbe
du tuberculeux, ayant une vitesse d'ascension plus grande que la normale, la courbe
du goutteux avec une élévation beaucoup
plus lente.

Nous avons trouvé comme grandeurs
proportionnelles aux pertes de chaleur
pendant l'ascension du dernier degré . 8,5
à l'état normal ; 16 dans la tuberculose
pulmonaire ; 5,5 chez les goutteux.

On peut remarquer sur un de nos gra-
phiques que la température du tuberculeux
est notablement plus élevée que la normale, celle du goutteux est plus basse.

*Défense de l'organisme par l'augmentation
de la résistance de la peau aux pertes de chaleur.* — Lorsqu'un tuberculeux est pris de
fièvre et que la température s'élève, l'élévation du thermomètre devient plus lente,
la résistance de la peau aux pertes de chaleur augmente ; il y a là un mécanisme de
défense de l'organisme contre les pertes de
chaleur, par suite duquel la courbe des tu-

8

berculeux fébricitants se rapproche de la courbe normale.

Diagnostic de la tuberculose par la courbe d'ascension thermométrique. — Nous avons utilisé la courbe d'ascension thermométrique pour le diagnostic de la tuberculose commençante ou cachée. Dans un cas, une dame ayant toutes les apparences de la santé se plaint seulement d'un malaise général ; l'examen le plus minutieux ne révèle aucune altération des organes, l'urine est normale au point de vue chimique, mais la courbe d'ascension thermométrique présente nettement le type tuberculeux. L'examen de l'urine, pratiqué par mon collègue, M. le Professeur de bac- tériologie Rappin, montre la présence de nombreux bacilles ; comme il n'existait point de troubles vésicaux, nous conjecturons l'existence d'une néphrite bacillaire, diagnostic confirmé ultérieurement par des poussées d'albuminurie. Depuis six mois nous avons ainsi découvert, dans sept cas, la tuberculose de l'appareil urinaire, alors qu'il eût été difficile d'y penser sans l'indication thermométrique.

Nous avions rarement, avant l'emploi de ce moyen, l'occasion de diagnostiquer cette affection, que nous sommes amené à considérer comme plus fréquente que nous le pensions avant, alors que nous nous contentions sans doute, dans ces cas, de porter le diagnostic d'albuminurie et de maladie de Bright. Le diagnostic différentiel entre la maladie de Bright et la néphrite tuberculeuse a de l'importance pour le malade, car lorsque les reins sont suffisamment perméables, les malades atteints de néphrite tuberculeuse se trouvent bien d'une alimentation azotée et d'un traitement antituberculeux. La courbe d'ascension thermométrique dans la maladie de Bright diffère peu de la normale.

Un malade réformé pour tuberculose pulmonaire présentait des signes non douteux à l'auscultation du sommet gauche, mais avait une courbe d'ascension thermométrique normale ; l'examen répété des crachats par le Pr Rappin n'a jamais révélé de bacilles.

La courbe d'ascension thermométrique fait ressortir l'antagonisme de la goutte et de la tuberculose ; chez les tuberculeux on observe une grande intensité des oxydations organiques ; ce sont des malades qui brûlent, qui se consument, ce qui fait bien comprendre la raison de leur amaigrissemer.t, et l'importance pour eux de l'alimentation et du repos. Ces résultats concordent avec ceux que MM. Robin et Binet ont obtenus par l'analyse des gaz et de la respiration.

Cas des obèses et des diabétiques. — Contrairement à nos prévisions, nous n'avons point trouvé de courbes typiques chez les obèses et chez les diabétiques ; ils nous ont présenté les uns le type goutteux ou le type tuberculeux, suivant qu'ils étaient tuberculeux, goutteux, ou ne présentaient aucune trace de ces deux états.

Ictère. — L'ictère produit une augmentation de la résistance de la peau aux pertes de chaleur, qui disparaît aussitôt que la guérison se produit.

Fièvre. — La fièvre modifie peu la courbe d'ascension thermométrique qui s'élève presque parallèlement à elle-même ; souvent cependant à une même distance de la température maxima, la vitesse d'ascension du thermomètre est moindre que dans l'apyrexie par suite de la réaction de défense qui augmente la résistance de la peau aux pertes de chaleur. Pendant le frisson de la fièvre urineuse, la courbe d'ascension prend un caractère particulier, la vitesse d'ascension restant sensiblement constante pour une échelle étendue de la température. Une de nos figures montre une courbe d'ascension thermométrique pendant un violent frisson de fièvre paludéenne, et la courbe du même malade une heure après le frisson.

Action du bain froid. — Sur un sujet normal, lors d'un bain d'une demi-heure à 22°, la température s'est abaissée de 37° 1/20e à 35° 12/20e, l'ascension thermométrique est devenue beaucoup plus lente; pour se défendre contre le refroidissement, la résistance de la peau aux pertes de chaleur est devenue 1,60 fois ce qu'elle était avant le bain.

Conclusions. — Cette étude demande à être étendue à tous les cas de la physiologie et de la pathologie; mais notre but dans cette communication est de décrire la méthode, et de montrer par quelques exemples les services que peut rendre la représentation graphique de la courbe d'ascension thermométrique.

Imprimerie de l'Institut de Bibliographie — N° 816.